Clásicos de Siempre

SUN-TZU

EL ARTE DE LA GUERRA

VERSIÓN COMPLETA

Traducción y notas
Roberto Curto

longseller

El Arte de la Guerra

GERENCIA DE EDICIÓN: Diego F. Barros
EDITORA: Diana Blumenfeld

DIVISIÓN ARTE LONGSELLER
DIRECCIÓN DE ARTE: Adriana Llano
COORDINACIÓN GENERAL: Marcela Rossi
DISEÑO: Javier Saboredo / Diego Schtutman / Laura Pessagno
DIAGRAMACIÓN: Santiago Causa / Mariela Camodeca / M. Constanza Gibaut
CORRECCIÓN: Norma Sosa

Longseller S.A.
Casa matriz: Avda. San Juan 777
(C1147AAF) Buenos Aires
República Argentina
Internet: www.longseller.com.ar
E-mail: ventas@longseller.com.ar

Sun-tzu
El Arte de la Guerra – 1ª ed.; 1ª reimp. – Buenos Aires:
Longseller, 2004
192 pp.; 11 x 18 cm (Clásicos de Siempre. Fuentes de Inspiración)
Traducción de: Roberto Curto

ISBN 987-550-370-3

I. Título – 1. Estrategia
SUN 355.4

Queda hecho el depósito que marca la ley 11.723.

Impreso y hecho en la Argentina.
Printed in Argentina.

CALIDAD CERTIFICADA ISO 9001:2000

Esta edición de 15.000 ejemplares se terminó de imprimir en la Planta Industrial de Longseller S.A., Buenos Aires, República Argentina, en octubre de 2004.

Método de Estrategia

«La tinta de los estudiosos dura más que la sangre de los mártires.»

—PROVERBIO IRLANDÉS

La veracidad de este proverbio –fruto de la sabiduría popular de Irlanda, tierra de santos, filósofos y poetas– está demostrada por la obra de Sun-tzu, el gran estratega de la antigua China, tierra de inmortales, filósofos y poetas. Sun-tzu es famoso y recordado en el mundo entero por su tratado. Sin embargo, muy pocos saben algo acerca de sus campañas militares.

En verdad, si los líderes militares del mundo entero siguieran los consejos del tratado de Sun-tzu, habría menos guerras, éstas serían mucho más cortas y menos sanguinarias. Sun-tzu, un respetuoso seguidor del Tao –tal como se trasluce a lo largo de su obra–, era plenamente consciente de que la tinta de los estudiosos dura más que la sangre de los mártires. Era consciente de lo devastadora que es la guerra[1], tanto para el agresor como para el agredido, y también de que la vida es sagrada. Si bien su tratado de estrategia consiste en instrucciones precisas para la guerra y la obtención de la victoria, en su integridad recuerda la importancia de que debe ser corta y rápida para evitar la pérdida de vidas y el empobrecimiento de los pueblos.

Esta obra, también llamada *El Arte de la Estrategia*, no sólo es importante como método militar: en los últimos años ha sido muy utilizada en Occidente como manual de gestión en los negocios.

Sin embargo, en Extremo Oriente –su lugar de origen– su uso es mucho más profundo. Es una herramienta valiosísima como guía para el desarrollo personal. Es un método de estrategia aplicable a la más importante de las luchas humanas: la destinada a vencer al peor de los enemigos, aquel al que los nativos americanos llaman "el Enemigo Interno". Éste es el verdadero enemigo, ya que, en palabras de Lin Yu-tang, «... donde los sucesos humanos están enredados, los seres humanos deben tener la culpa». Sólo al terminar con nuestros propios conflictos internos podremos tener verdadera paz en el mundo.

El momento histórico

Sun-tzu, cuyo apellido era Wu, vivió durante el período de Primavera y Otoño (722-481 a. C.) de la Dinastía Chou (1045-221 a. C.). Esta fue una época turbulenta en la que China aún no se había unificado, sino que se componía de varios estados, algunos pequeños y otros más grandes. El estado de Ch'u era un estado poderoso que invadía brutalmente a países más pequeños, sojuzgándolos y suprimiendo a las minorías. Sun-tzu vivía en el estado de Wu, un país más pequeño, cuyos gobernantes evitaban la extravagancia y los excesos. No explotaban al pueblo; por el contrario, lo protegían, y fomentaban la producción y el bienestar. Esto los favoreció en cuanto a hacerse de aliados en los países vecinos. Wu comenzó una serie de ataques anuales contra Ch'u y sus estados tributarios. Algunas veces anexaba estos últimos a su territorio, pero otras simplemente los liberaba del yugo de Ch'u. Finalmente, en el año 506 a. C., Ho-lü, el soberano de Wu, decidió que era momento de terminar con el cruel Ch'u. Sin embargo, no se decidía a atacar, ya que, sabiendo que sus dos principales generales albergaban una animosidad personal contra Ch'u, temía que lanzaran un ataque desmedido que terminara en una carnicería.

Wu Tzu-yü, uno de estos generales, comprendiendo la indecisión del soberano y advirtiendo él mismo que era momento de dar un golpe final contra Ch'u, le recomendó a Sun-tzu como el único capaz de dirigir una campaña correcta. Ho-lü interrogó a Sun-tzu sobre estrategia militar y, con cada respuesta del último, el soberano quedó deslumbrado. Fue entonces cuando tuvo lugar la famosa demostración de

Sun-tzu. Si ésta es verdaderamente histórica o no, hasta el día de hoy no lo sabemos. Tal vez sea alegórica, como la leyenda del segundo patriarca del Zen, Ho-ku, de quien se dice se cortara un brazo para dárselo a Bodhidharma, el primer patriarca, como muestra de sinceridad, cuando la realidad histórica es que habría perdido el brazo en una batalla. Como fuera, la historia tradicional de esa demostración es la siguiente:

El rey dijo: «Si fuera posible, quisiera ver una pequeña prueba de su estrategia militar». Sun-tzu respondió: «Es posible. Podemos hacer una demostración con las mujeres del palacio interior». El rey asintió.

Sun-tzu entonces pidió a dos de las amadas concubinas del rey para que dirigieran las compañías. Ordenó que trescientas mujeres usaran cascos y armaduras, espadas y escudos, y que formaran. Les dio instrucción acerca de los métodos militares para que, de acuerdo con el tambor, avanzaran, retrocedieran, giraran a izquierda o derecha. Les hizo saber de las prohibiciones y ordenó: «Al primer golpe del tambor deben reunirse, al segundo deben avanzar con sus armas y al tercero desplegarse en formación militar». Ante esto, todas las mujeres del palacio se cubrieron la boca y rieron.

Entonces Sun-tzu en persona tomó los palillos y tocó el tambor, dio las órdenes tres veces y las explicó cinco veces. Ellas rieron igual que antes. Viendo que las mujeres reían continuamente y no cesaban de hacerlo, Sun-tzu se puso furioso. Sus ojos repentinamente se abrieron por completo y su voz sonó como el rugido de un tigre aterrorizador. El cabello se le erizó debajo del gorro y el cuello rompió los costados de los flecos. Le dijo al Maestro de Leyes: «Traiga las hachas del verdugo».

Entonces Sun-tzu dijo: «Si las instrucciones no son claras, las explicaciones y órdenes no son confiadas, la falta es del general. Cuando se han dado las instrucciones tres veces y las órdenes se han explicado cinco veces, si las tropas aún no las ejecutan, la falta es de los oficiales. De acuerdo con las reglas de la disciplina militar, ¿cuál es el procedimiento?». El Maestro de Leyes dijo: «¡Decapitación!». Sun-tzu ordenó que decapitaran a las dos comandantes de las compañías, las concubinas favoritas del rey.

El rey de Wu ascendió a su plataforma para observar justo cuando estaban por decapitar a sus concubinas. Hizo que un oficial se apresurara, con orden de decir: «Sé que el General tiene capacidad para comandar a las fuerzas. Sin estas concubinas, mi comida no sería dulce. Sería mejor no decapitarlas».

Sun-tzu respondió: «Ya he recibido mi mandato como Comandante General. De acuerdo con las reglas para estos, cuando yo, como General, estoy al mando del ejército, aunque usted me dé órdenes no tengo que aceptarlas». Entonces, hizo que las decapitaran.

Tocó el tambor nuevamente, y las mujeres giraron a izquierda y derecha, avanzaron y se retiraron de acuerdo con los códigos establecidos sin atreverse a pestañear. Las dos compañías permanecieron en silencio, sin animarse a mirar alrededor. Entonces Sun-tzu le dijo al rey: «El ejército está bien ordenado. Me gustaría que Su Majestad lo observara. Aun si usted quisiera enviarlo a través del fuego y el agua, no tendría dificultad alguna. Se lo puede usar para asentar Todo bajo el Cielo».

El rey de Wu se mostró disgustado. Dijo: «Sé que usted es excelente en el uso del ejército. Aunque yo podría ejercer la hegemonía por ese medio, no hay lugar para hacerlo. General, por favor, despida al ejército y regrese a su morada. No deseo actuar más allá de esto».

Sun-tzu dijo: «A Su Majestad sólo le gustan las palabras, no es capaz de darse cuenta de su sustancia». Wu Tzu-yü dijo: «Escuché decir que el ejército no es un asunto auspicioso[2] y que no se lo puede probar a la ligera. Entonces, si uno forma al ejército pero no continúa para lanzar un ataque punitivo, el Tao militar no resulta claro. Ahora, si Su Majestad sinceramente busca oficiales de talento y quiere movilizar al ejército para terminar con el brutal estado de Ch'u, llegar a ser quien ejerce la hegemonía de Todo bajo el Cielo, e infundir temor reverencial a los señores feudales y no emplea a Sun-tzu como su general, ¿quién puede vadear el Huai, cruzar el Ssu y recorrer mil kilómetros para librar batalla?».

Si esta historia es cierta o no, sigue en terreno de duda para los estudiosos. Pero luego de eso, de acuerdo con el *Shih Chi*: «Hacia el oeste, el rey derrotó al poderoso estado de Ch'u y avanzó dentro del estado de Ying. Hacia el norte, el rey sometió a Ch'i y a Chin e hizo conocer su nombre entre los señores feudales. Esto fue debido a que Sun-tzu le confirió poder».

Hasta donde sabemos, las campañas de Sun-tzu fueron cortas y eficaces, de acuerdo con los principios de su método de estrategia. Sun-tzu afirmaba que una guerra es altamente costosa y empobrece al estado. «Levantar un ejército de cien mil hombres y hacerlos marchar a grandes distancias involucra una pesada pérdida de gente y drena los recursos del país... No menos de setecientas mil familias se verán impedidas de sus tareas» (capítulo 13). Igualmente, recomendaba tratar bondadosamente a los soldados propios y a los adversarios capturados, a fin de no despertar deseos de venganza y lograr, en cambio, que los estados se aliaran amigablemente en el futuro. Esto fue efectivamente realizado, tal como se explicó antes. *El Arte de la Guerra* es, también, el primer tratado escrito en el que se destaca la importancia de la inteligencia militar y se establece como sistema.

Es importante notar que, a lo largo de toda la obra, se destaca la necesidad de actuar de acuerdo con el Tao. Muchos traductores occidentales han pasado por alto esto, y hasta lo han desdeñado. Sin embargo, encontramos tantas coincidencias en el *Ping Fa* (*El Arte de la Estrategia*) de Sun-tzu y los principios establecidos en el *Tao Te*

Ching de Lao-tse, que es necesario creer que no es "mera coincidencia". Las citas del *Tao Te Ching* relacionadas con los métodos de Sun-tzu se encontrarán a lo largo del libro. Por otra parte, muchos de los principios establecidos en ambos libros son característicos de lo que se denomina "el pensamiento chino".

El pensamiento chino

El nombre de China en su lengua es Zhung Guo, que significa "país del medio". La denominación de imperio fue dada por los occidentales, que llegaron a China en la época de los grandes imperios de Occidente. Calificaron a China de imperio, posiblemente, porque no podían concebir que un país tan grande no lo fuera. La denominación de "país del medio" no es sólo porque China se consideraba ubicada en el centro del mundo, sino porque es el país que sigue la filosofía del "justo medio". Algunos principios de este tipo de pensamiento, común a todas las filosofías y religiones de China, serán explicados a lo largo del libro.

Esta versión intenta hacer más comprensible la obra de Sun-tzu y, principalmente, permitir que el lector occidental le pueda dar el mismo uso que se le otorga en Extremo Oriente, es decir, un método práctico para vencer los conflictos internos de cada uno, de acuerdo con los principios enunciados por Sun-tzu: vencer sin luchar, conquistar sin destruir, convertir al enemigo en un aliado.

De esta forma, al terminar con nuestros propios conflictos, el "enemigo interno" se convertirá en "el aliado interno" y lograremos paz en nuestro corazón. Al lograr paz en nuestro corazón, contribuiremos a la paz en el mundo. No hay que olvidar que la tinta de los estudiosos dura más que la sangre de los mártires.

—Roberto Curto

El Arte de la Guerra

Capítulo 1

Primeros Cálculos

Los Cinco Fundamentos de la Estrategia

Sun-tzu dijo: El Arte de la Estrategia es de importancia vital para el país.

Es el terreno de la vida y la muerte, el camino a la seguridad o la ruina.

Su estudio no se puede dejar de lado por ningún motivo.

Se debe planear por medio de cinco factores,

deben ser tomados en cuenta en las deliberaciones y analizar las condiciones de cada uno de ellos.

El primero es Tao[3].

El segundo, el Cielo.

El tercero, la Tierra.

El cuarto, el general.

El quinto, el Método.
El Tao hace que la gente esté por completo de acuerdo con su gobernante, así lo seguirán a riesgo de sus vidas, no les importará ningún peligro.
El Cielo significa día y noche, frío y calor, tiempos y estaciones.
La Tierra comprende distancias grandes y pequeñas; peligro y seguridad;
terreno abierto y pasos estrechos; las posibilidades de vida o muerte.
El general abarca las virtudes de sabiduría, sinceridad, humanidad, coraje y el ser estricto.
El Método comprende el ordenamiento del ejército, las graduaciones de rango entre los oficiales, el empleo del Tao y el control de los gastos militares.
Estos cinco tópicos le deben ser familiares a cada general: quien los conoce obtendrá la victoria; quien los conoce no fallará.

Examinando los Fundamentos

Cuando se busca determinar las
condiciones militares,
estos cinco factores se deben comparar de
esta forma:
¿Cuál de los soberanos tiene Tao?
¿Cuál de los generales tiene la mayor
capacidad?
¿En quién yacen las ventajas derivadas del
Cielo y la Tierra?
¿De qué lado se refuerza la disciplina más
vigorosamente?
¿Cuál ejército es el más fuerte?
¿Dónde están los oficiales y los hombres
mejor entrenados?
¿En cuál ejército yace la mayor constancia,
tanto en recompensas como en castigos?
Por medio de estas siete consideraciones
puedo prever la victoria o la derrota.

El general que sigue mi consejo y actúa de acuerdo con él,
es seguro que vencerá;
¡debe ser mantenido en el mando!
El general que no sigue mi consejo y no actúa de acuerdo con él,
es seguro que no vencerá;
¡debe ser despedido!

El Tao de la Paradoja[4]

Si se sigue el beneficio de mi consejo, debe proveerse también de cualquier circunstancia favorable por encima y más allá de las reglas comunes.
La Dirección consiste en seguir las ventajas y ajustarse a ellas.
La Estrategia consiste en el Tao de las Paradojas.
Por lo tanto, cuando se está en condiciones de atacar, se debe parecer incapaz.
Cuando se usan las fuerzas, se debe parecer inactivo.
Cuando se está cerca, se debe parecer lejos.
Cuando se está lejos, el enemigo debe creer que se está cerca.
Se muestran carnadas para incitar al enemigo.

Se finge desorden y se lo aplasta.
Si el enemigo está seguro, hay que estar preparado para él.
Si es superior en fuerza, hay que evitarlo.
Si el oponente es de temperamento colérico, hay que irritarlo.
Hay que simular ser débil para que se vuelva arrogante.
Si el enemigo está cómodo, no hay que darle descanso.
Si sus fuerzas están unidas, hay que separarlas.
Hay que atacar donde él no está preparado, aparecer donde no lo espera.
Esta Estrategia Militar lleva a la victoria.
No se puede divulgar de antemano.

PREDICIENDO EL TRIUNFO

Ahora, el general que gana una batalla
hace muchos cálculos en su templo[5],
considera muchos factores
antes de que ésta se libre.
El general que pierde una batalla
hace pocos cálculos en su templo.
Considera pocos factores
antes de que ésta se libre.
Muchos cálculos llevan a la victoria,
pocos cálculos llevan a la derrota.
¡Cuánto más ningún cálculo en absoluto!
Prestando atención a este punto,
puedo prever el triunfo o la derrota.

Capítulo 2

El Desafío

Conocer los Costes

Sun-tzu dijo:
En las operaciones militares, allí donde hay:
mil carros veloces de cuatro caballos,
mil carros blindados de cuatro caballos,
cien mil soldados con cotas de malla
con provisiones para llevarlos hasta mil li[6],
más aún, con los costes en casa y en el frente,
incluyendo entretenimientos para los huéspedes,
pequeños ítems tales como cola y pintura
y sumas gastadas en carros y armaduras,
los gastos llegarán a un total de mil onzas de plata por día.
Tal es el coste de elevar un ejército de cien mil hombres.

Estrategias Veloces

Cuando se combate en la lucha real, si la
victoria tarda en llegar
las armas de los hombres se volverán
romas y su ardor estará aguado.
Si se pone sitio a una ciudad
la fuerza quedará exhausta.
Si las operaciones de la campaña se
prolongan,
los recursos del país no serán suficientes.
Ahora, cuando las armas están romas y el
ardor aguado,
la fuerza exhausta y el tesoro se ha
gastado,
saldrán otros caudillos
para aprovecharse de esta situación
extrema.
¡Entonces, ningún hombre, por sabio que
sea,
podrá evitar las consecuencias!

Hemos oído hablar acerca del
apresuramiento estúpido en la guerra,
pero la inteligencia nunca se ha visto
asociada con campañas prolongadas.
No hay ningún país que se haya
beneficiado por guerras prolongadas.
Quienes no están completamente
familiarizados
con los males de la guerra
no pueden comprender completamente
la forma provechosa de llevarla a cabo.

USAR LOS RECURSOS DEL OPONENTE

El estratega hábil no hace un segundo reclutamiento,
sus carros de provisiones no se cargan dos veces.
Hay que traer material de guerra desde casa,
pero éste se le debe quitar al enemigo,
así el ejército tendrá comida suficiente para sus necesidades.
Contribuir para mantener a un ejército a la distancia
hace que el pueblo se empobrezca.
La proximidad de un ejército
hace que los precios aumenten;
los precios altos hacen que los bienes de la gente se agoten.
Cuando sus bienes se agoten,
los campesinos se verán afligidos por impuestos pesados.

Con la pérdida de los bienes y el
agotamiento de la fuerza,
los hogares de la gente quedarán desnudos,
tres décimos de sus ingresos serán
disipados.
Los gastos del gobierno por:
carros rotos y caballos gastados,
corazas y yelmos, arcos y flechas,
lanzas y escudos, mantos de protección,
bueyes de tiro y carros pesados
llegarán a cuatro décimos del total de sus
ingresos.
Es por eso que un general sabio se ocupa
de abastecerse del enemigo.
Un carruaje de provisiones del enemigo
es equivalente a veinte de los propios,
y un solo *picul* de su forraje
equivale a veinte del almacén propio.

Incorporar la Fuerza del Enemnigo

Para matar al enemigo, los hombres deben llegar a la ira;
para que haya ventaja en vencer al enemigo, debe haber recompensas.
Por lo tanto, en la lucha:
deben ser recompensados los que tomaron diez o más carros.
Nuestras banderas deben sustituir a las del enemigo, y los carros usados junto con los nuestros.
Los soldados capturados deben ser tratados bondadosamente y cuidados.
Esto se llama usar al enemigo conquistado para aumentar la fuerza propia.
En Estrategia, entonces, que el objetivo sea la victoria, no las campañas largas.
El Líder que comprende la Estrategia es el árbitro del destino de la gente, el

hombre de quien depende la paz o el peligro del país.

Capítulo 3

Planear el Ataque

Comprometer al Mundo

Sun-tzu dijo:
En el Arte de la Estrategia práctica:
tomar el país del enemigo intacto es lo ideal; quebrarlo y destruirlo es inferior.
Capturar un ejército entero es ideal, destruirlo es inferior.
Capturar un regimiento entero es ideal, destruirlo es inferior.
Capturar un destacamento o una compañía entera es ideal, destruirlos es inferior.
Es por eso que luchar y vencer en todas las batallas no es la excelencia suprema,
la excelencia suprema consiste en vencer al enemigo sin luchar[7].

Entonces, la capacidad más alta del general
es frustrar lo planes del enemigo.
La siguiente es evitar la unión de las
fuerzas del enemigo.
La siguiente en orden es atacar al ejército
del enemigo en el campo.
La peor política de todas es sitiar las
ciudades amuralladas.
La regla es no sitiar ciudades amuralladas
si se lo puede evitar.
La preparación de grandes escudos móviles,
carros de asalto blindados y varios
implementos de guerra,
llevará tres meses completos.
Apilar montículos contra los muros
llevará otros tres meses más.
Un general furioso lanzará un asalto con los
hombres como enjambres de hormigas.
Como resultado, un tercio de sus hombres
morirá,
mientras que la ciudad no será tomada.

Tales son los efectos desastrosos de un sitio.
Por lo tanto, el líder hábil en estrategia somete las fuerzas del enemigo sin luchar.
Captura sus ciudades sin ponerles sitio.
Derroca su reino sin largas operaciones en el campo.
Con sus fuerzas intactas compromete al mundo.
Sin perder un hombre, su triunfo será completo.
Este es el método de atacar por estratagemas.

La Regla de los Números

El Método de la Estrategia es:
si nuestras fuerzas son diez por uno del enemigo,
lo rodeamos.
Si son de cinco a uno, lo atacamos.
Si es dos veces más numeroso,
dividimos nuestro ejército en dos.
Si las fuerzas son iguales, podemos ofrecer batalla.
Si éstas son ligeramente inferiores en número, podemos evitar al enemigo.
Si son bastante desiguales, podemos huir de él.
Es por eso que, si una fuerza pequeña hace un ataque obstinado,
finalmente será capturada por la fuerza más grande.

Los Tres Errores de los Líderes

En cuanto al general: es el baluarte del País.
Si el baluarte es completo en todos los puntos, el País será fuerte.
Si el baluarte es defectuoso, el País será débil.
Hay tres formas en las que un gobernante puede traer la desgracia a su ejército:
Al ordenarle al ejército avanzar, ignorando que éste no puede avanzar.
Ordenándole al ejército retroceder, ignorando que éste no puede retroceder.
Esto se llama maniatar al ejército.
Al intentar gobernar al ejército de la misma forma en que se administra un reino,
ignorante de las condiciones que actúan en un ejército.
Esto causa dudas en las mentes de los soldados.

Al emplear oficiales en su ejército sin discriminación,
ignorando el principio militar de adaptación a las circunstancias.
Esto sacude la confianza de los soldados.
Cuando todo el ejército está inquieto y desconfiado,
es seguro que lleguen problemas de los otros príncipes feudales.
Esto es simplemente traer anarquía al ejército, y darle la victoria a otros.

Los Esenciales del Triunfo

Sabemos que hay cinco esenciales para la victoria:

Vencerá aquel que sepa cuándo luchar y cuándo no luchar.

Vencerá quien sepa cómo manejar tanto las fuerzas superiores como las inferiores.

Vencerá aquel cuyo ejército esté animado por el mismo espíritu a través de todos sus rangos.

Vencerá quien, estando él mismo preparado, espera para sorprender al enemigo cuando éste no está preparado.

Vencerá quien tiene capacidad militar y no es interferido por el soberano.

Quien conoce estos cinco esenciales y el Tao, vencerá.

De ahí el dicho:

Si conoces al enemigo y te conoces a ti mismo,
no necesitas temer el resultado de cien batallas.
Si te conoces a ti mismo pero no al enemigo,
por cada batalla ganada también sufrirás una derrota.
Si no te conoces ni a ti mismo ni al enemigo,
sucumbirás en cada batalla.

CAPÍTULO 4

Posicionamiento Militar

El Poder de la Defensa

Sun-tzu dijo:
En la antigüedad,
los buenos combatientes primero se ponían
a sí mismos más allá de la derrota,
y luego esperaban la oportunidad de
derrotar al enemigo.
Asegurarnos a nosotros mismos contra la
derrota depende de nosotros,
pero la posibilidad de vencer depende del
enemigo mismo.
Así, quienes son hábiles en el combate
son capaces de asegurarse a sí mismos
contra la derrota,
pero no pueden estar seguros de derrotar
al enemigo[8].

De ahí el dicho:
Uno puede saber cómo conquistar
sin tener la posibilidad de hacerlo.
Si no se puede vencer, se debe defender; si se puede vencer, se debe atacar.
Defender cuando la fuerza es insuficiente;
atacar cuando la fuerza es abundante.
El general que es hábil en la defensa
se esconde en los más secretos huecos de la tierra;
el general que es hábil en atacar
surge como un relámpago desde lo más alto del cielo.
Así, por un lado nos protegemos a nosotros mismos; por el otro, tenemos una victoria completa.

El Triunfo del No-esfuerzo

Quien advierte la victoria
cuando está dentro de lo que sabe la gente común
no posee el máximo de la excelencia.
Quien combate y conquista
y todo el mundo dice: "¡Bien hecho!",
no posee el máximo de la excelencia.
Levantar un cabello no es signo de gran fuerza.
Ver el Sol y la Luna no es signo de vista aguda.
Escuchar el ruido del trueno no es signo de oído fino.
Lo que los antiguos llamaban un combatiente inteligente,
era a quien poseía excelencia en vencer con facilidad.

La Posición del No-error

A quien logra sus victorias por su capacidad,
éstas no le traen ni reputación por sabiduría ni crédito por coraje.
Gana sus batallas por no cometer errores.
El no cometer errores
establece la certeza de la victoria:
significa conquistar a un enemigo que ya está derrotado.
Es por eso que el combatiente hábil
se establece en una posición que hace imposible la derrota,
y no pierde una oportunidad de derrotar al enemigo.

Las Cinco Artes Estratégicas

Entonces, el estratega vencedor, primero
se asegura la victoria, después entra en
combate.
El estratega perdedor primero lucha,
después busca la victoria.
Quien es hábil en Estrategia
cultiva el Tao y se adhiere al Método.
Entonces, el triunfo o la derrota surge de
las operaciones.
Con respecto a la Estrategia Militar:
Primero están las Medidas.
Segundo, la Estimación de Cantidad.
Tercero, el Cálculo.
Cuarto, el Equilibrio de Posibilidades.
Quinto, la Victoria.
Las Medidas deben su existencia a la Tierra;
la Estimación de Cantidad, a las Medidas;
los Cálculos, a la Estimación de Cantidad;

el Equilibrio de Posibilidades, a los Cálculos;
la Victoria, al Equilibrio de Posibilidades.
Un ejército victorioso es como el peso de una libra contra un solo grano.
Un ejército perdedor es como el peso de un solo grano contra una libra.
El triunfo de una fuerza conquistadora
es como el explotar de las aguas elevadas en una caída de mil brazos de profundidad.
Tal es la ocupación de Posiciones.

Capítulo 5

Fuerza Estratégica

La Estrategia Posicionada

Sun-tzu dijo:
El control de una fuerza grande
es como el control de unos pocos hombres.
Es cuestión de dividir sus números.
Dirigir un gran ejército
es como luchar con uno pequeño.
Es cuestión de instituir signos
y señales.
Toda la hueste puede resistir el embate del enemigo
y permanecer inamovible.
Esto se efectúa por maniobras ortodoxas y no ortodoxas.

Que el impacto del ejército
sea como una piedra de molino golpeada
contra un huevo.
Se efectúa por la ciencia de los puntos
débiles y fuertes (vacíos y llenos[9]).

El Poder de la Sorpresa

Generalmente, en combate,
el método ortodoxo se usa para trabarse
en batalla,
los métodos no ortodoxos se usan para
asegurar la victoria[10].
Las tácticas no ortodoxas, aplicadas
eficientemente,
son inagotables como el Cielo y la Tierra,
interminables como el fluir de los ríos y
los arroyos.
Como el Sol y la Luna
terminan sólo para comenzar de nuevo.
Como las cuatro estaciones,
pasan pero retornan nuevamente.
No hay más que cinco notas musicales;
sin embargo, las Variaciones de estas cinco
dan origen a más melodías de las que
puedan escucharse[11].

No hay más que cinco colores;
sin embargo, sus Variaciones producen más matices de los que jamás se puedan ver.
No hay más que cinco sabores,
pero sus Variaciones dan más sabores de los que jamás se puedan probar.
En la batalla,
no hay más que dos métodos de ataque: el ortodoxo y el no ortodoxo;
sin embargo, estos dos en sus Variaciones
hacen surgir una serie interminable de maniobras.
Los métodos ortodoxo y no ortodoxo conducen el uno al otro alternadamente.
Es como moverse en círculo: nunca se llega al fin.
¿Quién puede agotar las posibilidades de sus Variaciones?

MOVER AL OPONENTE

La embestida de las tropas es como el
precipitarse del agua
que arrastra piedras a lo largo de
su curso[12].
La decisión en el tiempo correcto es como
la acometida de un halcón
que le permite atrapar a su presa.
Por lo tanto, el buen combatiente
será terrible en su embestida y rápido en
su decisión.
La energía puede ser comparada al
tensado de una ballesta;
la decisión al apretar el gatillo.
En medio del alboroto y el tumulto de la
batalla,
puede haber un desorden
aparente
pero ningún desorden real en
absoluto.

En medio de la confusión y el caos,
la formación puede estar sin cabeza o sin cola,
pero no será derrotada.
El desorden simulado es el resultado de la disciplina perfecta.
El miedo simulado es el resultado del coraje.
La debilidad simulada es el resultado de la fuerza.
Esconder el orden bajo la capa del desorden es el resultado del control.
Ocultar el coraje bajo una muestra de timidez es el resultado de energía latente.
Enmascarar la fuerza con debilidad es el resultado de disposiciones tácticas.
Así, quien es hábil para mantener al enemigo en movimiento
mantiene apariencias engañosas; de acuerdo con éstas actuará el enemigo.

Sabe conceder algo que el enemigo está
compelido a tomar.
Se utilizan carnadas
para mantenerlo en marcha;
mientras tanto, un cuerpo de elite se
establece a la espera.

Utilizando a otros para Crear el "Momentum"

El combatiente inteligente utiliza la fuerza
estratégica, y no daña a la gente.
Por eso selecciona a los hombres correctos
y utiliza la fuerza estratégica.
Cuando utiliza la fuerza estratégica,
sus hombres de combate se tornarán
como troncos o piedras rodando.
La naturaleza de los troncos o las piedras
es permanecer inmóviles cuando están en
terreno nivelado,
y moverse cuando están en un declive;
si son rectangulares, permanecen quietos;
si tienen forma redondeada, ruedan hacia
abajo.
Los buenos hombres de combate, al dirigir
por medio de la fuerza estratégica,
tornan a sus hombres como una piedra
redonda

lanzada hacia abajo desde una montaña
de mil metros de altura.
Esta es la fuerza estratégica.

Capítulo 6

Puntos Débiles y Fuertes (Vacíos y Llenos)

CREAR DESEQUILIBRIO

Sun-tzu dijo:
El que llega primero al campo de batalla
espera la llegada del enemigo fresco para combatir.
Quien llega tarde al campo de batalla
tiene que apresurarse y arriba exhausto al combate.
Por lo tanto, el combatiente inteligente
toma la iniciativa contra el enemigo,
no permite que el enemigo tome la iniciativa contra él.
Puede hacer que el enemigo se aproxime a su voluntad
insinuándole ventajas.

Puede hacerle imposible al enemigo el poder acercarse
insinuándole desventajas.
Si el enemigo se encuentra descansando, se lo puede acosar.
Si está bien provisto de comida, se lo puede hacer pasar hambre.
Si está acampando tranquilamente, se lo puede obligar a moverse.
Se debe aparecer en puntos en los que el enemigo deba apresurarse para defender.
Marchar velozmente a lugares donde el enemigo no lo espera.
Un ejército puede marchar grandes distancias sin penurias
si marcha por un campo donde el enemigo no se encuentra.

Distorsionar la Posición del Enemigo

Se puede estar seguro de tener éxito en los
ataques
con sólo atacar lugares que no están
defendidos.
Se puede asegurar la seguridad de la defensa
con sólo sostener posiciones que no puedan
ser atacadas.
Por eso el general es hábil en atacar
donde el oponente no sabe qué defender.
Es hábil en defender
donde el oponente no sabe qué atacar.
¡Sutil, sutil e intangible! Parece no haber
forma.
¡Espiritual, espiritual! ¡Parece sin sonido!
Así se gobierna el destino del enemigo.
Se puede avanzar y ser absolutamente
irresistible si se lo hace en los puntos
débiles del enemigo.

Se puede ir en retirada y estar libre de
persecución si los movimientos
propios son más rápidos que los del
enemigo.
Si se quiere combatir, el enemigo debe ser
forzado a un encuentro
aunque esté guarecido detrás de una
muralla alta o una cueva profunda.
Lo que hay que hacer
es atacar un lugar que se vea obligado a
defender.
Si no se desea combatir,
hay que evitar que el enemigo se trabe con
nosotros
aunque las líneas de nuestro campamento
estén meramente trazadas en el suelo.
Lo que hay que hacer es arrojar algo raro
e inexplicable en su camino.
Descubriendo las disposiciones del
enemigo y permaneciendo nosotros
invisibles,

concentramos nuestras fuerzas, mientras
que el enemigo debe ser dividido.
Formamos un único cuerpo unido,
mientras que el enemigo debe dividirse
en diez.
Entonces habrá un todo lanzado contra
partes separadas de un todo,
lo que significa que seremos muchos
contra los pocos del enemigo.
Si somos así capaces de atacar a una
fuerza inferior con una superior,
nuestro oponente estará en terribles
apuros.

Ajustando los Números del Oponente

El punto donde intentamos luchar no
debe hacerse conocido.
Si el enemigo no conoce nuestra posición
tendrá que prepararse en muchos puntos
distintos.
Cuando se prepara en muchos puntos
distintos,
los números que enfrentaremos en
cualquier punto dado serán
pocos.
Si el enemigo fortalece su vanguardia,
debilitará su retaguardia.
Si fortalece su retaguardia, debilitará su
vanguardia.
Si fortalece su izquierda, debilitará su
derecha.
Si fortalece su derecha, debilitará su
izquierda.

Si envía refuerzos a todos lados, se volverá aun más débil.
La debilidad numérica surge de haberse preparado para posibles ataques.
La fuerza numérica viene de compeler al adversario a prepararse contra nosotros.
Conociendo el lugar y el momento de la próxima batalla,
podemos concentrarnos desde las distancias más grandes para combatir.
Pero si ni el tiempo ni el lugar son conocidos, entonces:
el flanco izquierdo será impotente para ayudar al derecho,
el flanco derecho será impotente para socorrer al izquierdo,
la vanguardia será incapaz de aliviar a la retaguardia,
la retaguardia será incapaz de apoyar a la vanguardia.

¡Cuánto más aun si las partes más lejanas del ejército están en lugares a cien li de distancia,
y si hasta las más cercanas están separadas por muchos li!
Aunque el enemigo sea más fuerte en número, podemos evitar que combata.
Hay que planear de manera tal de descubrir sus planes y sus probabilidades de éxito.
Se lo debe provocar y hacer que descubra sus principios de actividad o inactividad.
Obligarlo a revelarse a sí mismo, para descubrir sus puntos vulnerables.
Hay que comparar cuidadosamente el ejército opositor con el propio
para saber dónde la fuerza es superabundante y dónde deficiente.

Reaccionando con Posiciones Sistemáticas

Al hacer las disposiciones tácticas,
lo más alto que se puede lograr es
ocultarlas.
Ocultando las disposiciones propias se
estará a salvo de los espías más sutiles.
Así los cerebros más sabios no podrán
planear.
¿Cómo es que se produce la victoria
valiéndose de las propias tácticas
del enemigo?
Eso es lo que la multitud no puede
comprender.
Todos los hombres pueden ver las tácticas
por las cuales conquisto.
Lo que ninguno puede ver es la estrategia
desde la que evoluciona la victoria.
No hay que repetir las tácticas que han
hecho obtener la victoria.

Los métodos de uno deben ser regulados
por la infinita variedad de circunstancias.
Las tácticas militares son como el agua;
el curso natural del agua es correr desde
los lugares más altos y precipitarse
hacia abajo[13].
Así, en Estrategia, el Tao es evitar lo que es
fuerte y golpear lo que es débil.
El agua da forma a su curso de acuerdo
con la naturaleza del terreno sobre el
que fluye.
El estratega resuelve su victoria en
relación al enemigo que está
enfrentando.
Así como el agua no retiene una forma
constante,
así en Estrategia no hay condiciones
constantes.
Quien puede modificar sus tácticas en
relación a su oponente, triunfa a causa de
eso.

Puede ser llamado un capitán nacido del Cielo.

Los cinco elementos[14] no predominan siempre de igual forma.

Las cuatro estaciones se ceden el paso unas a otras por turnos.

Hay días cortos y largos.

La Luna tiene sus períodos de creciente y menguante.

Capítulo 7

Librar Combate

MÉTODOS ORTODOXOS Y NO ORTODOXOS

Sun-tzu dijo:
Generalmente, al usar la Estrategia Militar,
el Líder recibe órdenes del soberano.
Reunido el ejército y concentradas sus fuerzas,
debe unir y armonizar los diferentes elementos antes de hacer su campamento.
Después de eso, vienen las maniobras tácticas, y no hay nada más difícil que eso.
La dificultad de las maniobras tácticas
consiste en tornar lo desviado en directo,
en tornar la adversidad en ventaja.

Así, se toma una ruta larga y circular.
Se incita al enemigo a salir del camino.
Y aunque se comience detrás de él, se llega antes que él.
Quienes pueden hacer esto
muestran la maestría en lo Ortodoxo y en lo No ortodoxo.

EVITAR LA COMPETENCIA

Maniobrar con un ejército es ventajoso.
Maniobrar con una multitud
indisciplinada es peligroso.
Si se pone en marcha a todo un ejército
para obtener una ventaja,
no se lo logrará.
Destacar una columna volante para el
propósito
significa el sacrificio de su equipaje y
provisiones.
Así, si se le ordena a los hombres enrollar
sus abrigos
y hacer marchas forzadas sin un día o
noche de descanso,
cubriendo el doble de la distancia usual de
un tirón,
haciendo cien li a fin de obtener ventaja,
los líderes de los tres ejércitos serán
capturados.

Los hombres más fuertes estarán en el frente,
los hombres exhaustos quedarán atrás.
Con este plan sólo un décimo del ejército llegará a destino.
Si se marchan cincuenta li compitiendo para obtener ventaja,
se perderá al líder de la primera división.
Sólo la mitad de la fuerza llegará a la meta.
Si se marchan treinta li compitiendo para obtener ventaja,
llegarán dos tercios del ejército.
Por lo tanto: un ejército sin su equipaje está perdido;
sin sus provisiones está perdido;
sin bases de suministros está perdido.

Flexibilidad e Imitación

Quien no conoce los planes de los señores
feudales
no puede preparar negociaciones de
antemano.
Si no se está familiarizado con el terreno:
sus montañas y bosques, sus pozos y
precipicios, sus lagos y pantanos,
no se puede conducir a un ejército en la
marcha.
Si no se usan guías locales,
no se pueden tener en cuenta las ventajas
naturales.
En Estrategia, practicando la imitación se
tendrá éxito.
Si se concentran o se dividen las tropas,
debe ser decidido por las circunstancias.
Que la velocidad sea como la del viento,
y el ser compacto como lo es un
bosque.

En incursionar y pillar, ser como el fuego; en la inmovilidad, como una montaña.

Que los planes propios sean impenetrables como la noche,

y al moverse, caer como un rayo.

Cuando se toma un distrito se deben distribuir las riquezas.

Cuando se toma un territorio se deben distribuir las ganancias.

Hay que moverse con flexibilidad y equilibrio.

Se debe ponderar y deliberar antes de hacer un movimiento.

Conquistará quien haya aprendido el artificio de la desviación.

Tal es el arte de las maniobras.

Controlando las Variaciones

El Libro del Manejo del Ejército dice:
"Cuando la palabra hablada no se oye de lejos, se usan campanas y tambores. Cuando los objetos ordinarios no se pueden ver claramente, se usan estandartes y banderas".

Gongs y tambores, estandartes y banderas son los medios por los cuales los oídos y los ojos de la hueste pueden enfocarse en un punto en particular.

Al estar la hueste formada en un solo cuerpo unido, es imposible tanto para los valientes avanzar solos, como para los cobardes retirarse solos.

Este es el arte de manejar grandes masas de hombres.

En el combate nocturno se debe hacer uso de señales de fuego y tambores;

cuando se combate de día se debe hacer
uso de banderas y estandartes.
Con estos medios, los oídos y ojos del
ejército pueden ubicar las Variaciones.
Ahora, a un ejército entero se le puede
robar el Ch'i[15];
a un comandante en jefe se le puede robar
su Hsin[16].
El Ch'i de un soldado está en su punto
más perspicaz por la mañana;
al mediodía ha comenzado a
flaquear;
por la noche su mente está volcada sólo
en retornar al campamento.
Por lo tanto, un estratega inteligente:
evita a un ejército cuando el Ch'i está
perspicaz,
pero ataca cuando está perezoso e
inclinado a retornar.
Este es el arte de controlar el Ch'i.
Estando disciplinado y calmo,

esperar la aparición del desorden en el
enemigo:
este es el arte de controlar el Hsin.
Estar cerca de la meta mientras el
enemigo está lejos de ella,
esperar con comodidad mientras el
enemigo está atareado y esforzándose,
estar bien alimentado mientras el enemigo
está desfalleciente:
este es el arte de controlar la Li[17].
No interceptar a un enemigo cuyas
banderas están en perfecto orden,
nunca atacar a un ejército que está en
calma y en formación confiable:
este es el arte de controlar las Variaciones.
Cuando se usa la Estrategia Militar
no se avanza colina arriba contra el
enemigo,
ni se le opone cuando viene colina abajo.
No se debe perseguir a un enemigo que
simula luchar.

No atacar a soldados cuyo carácter es perspicaz.

No se debe tragar la carnada ofrecida por el enemigo.

No se debe interferir con un ejército que está retornando a casa.

Cuando se rodea a un ejército se le debe dejar una salida libre.

No hay que presionar demasiado intensamente a un enemigo.

Así se usa el Método de la Estrategia.

CAPÍTULO 8

Las Nueve Variaciones

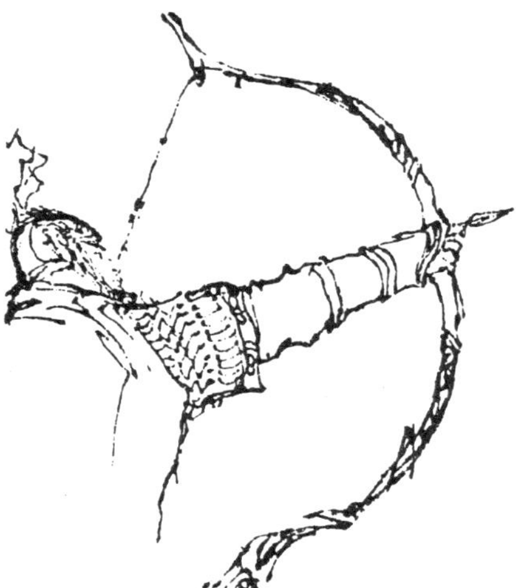

Estrategias de Posiciones

Sun-tzu dijo:

Generalmente, al usar el Arte de la Estrategia,

el Líder es dirigido por un soberano.

Reúne al ejército y junta a la masa.

Cuando se está en un terreno difícil no se debe acampar.

En un terreno donde se intersectan caminos, hay que unir manos con los aliados propios.

En terrenos peligrosamente aislados no hay que demorarse.

En terrenos rodeados hay que recurrir a estratagemas.

En un terreno desesperado, se debe luchar.
Hay caminos que no se deben seguir.
Hay ejércitos que no se deben atacar.
Hay ciudades fortificadas que no deben
ser sitiadas.
Hay posiciones por las que no se debe
contender.
Hay órdenes del soberano que no se
deben obedecer.
El general que comprende las ventajas de
las Nueve Variaciones
sabe cómo usar el Arte de la Estrategia.

Combinar Ventajas y Desventajas

El general que no comprende
completamente las Nueve Variaciones,
aunque esté familiarizado con las
configuraciones del campo,
no será capaz de sacar ventaja de la
situación.
En estrategia controlada,
si no se conoce la teoría de las Nueve
Variaciones,
no se puede usar a los hombres
correctamente.
Por eso, en los planes del líder sabio,
las consideraciones de ventaja y desventaja
se mezclan conjuntamente.
Si nuestra expectativa de ventaja está
templada de esta forma,
podremos tener éxito en realizar lo
esencial de nuestros esquemas.

Si en medio de las dificultades siempre estamos listos para atrapar una ventaja,
podremos vencer a la adversidad mediante una combinación de desventajas[18].

Anticiparse al Oponente

Se reduce a los jefes hostiles
por medio de desventajas.
Se sobrecarga a otros líderes
por medio de la actividad.
Se pone en aprietos a otros líderes
por medio de ventajas.
Cuando se usa el Método de la Estrategia
no se cuenta con la probabilidad de que el enemigo no venga,
sino con nuestra prontitud para recibirlo.
No se cuenta con la probabilidad de que no ataque,
sino con hacer que nuestra posición no sea capturable.

Las Cinco Debilidades de los Líderes

Un general puede tener cinco debilidades:
Osadía, que lleva a la destrucción.
Cobardía, que lleva a la captura.
Temperamento precipitado, que puede ser provocado por insultos.
Una delicadeza de honor, que es sensible a la vergüenza.
Excesiva solicitud hacia sus hombres, que lo expone a preocupaciones y problemas.
Estas son las cinco faltas de un general.
Resultan ruinosas para la conducta de la guerra.
Cuando un ejército es derrotado y su líder matado,
seguramente la causa se encontrará en estas cinco peligrosas faltas.
No se puede dejar de estudiarlas.

CAPÍTULO 9

Moviendo al Ejército

Usar la Situación

Sun-tzu dijo:

En general, cuando se establece el campamento del ejército y se estima al enemigo,

se debe pasar rápidamente por las montañas siguiendo los valles.

Se debe acampar en lugares altos, de frente al Sol[19].

No se debe escalar las alturas para combatir.

Eso en cuanto a la guerra en la montaña.

Después de cruzar un río, hay que alejarse de él.

Cuando una fuerza invasora cruza un río en su avance, nunca hay que encontrarla en el medio de la corriente.

Es mejor dejar que la mitad del ejército cruce, y entonces librar el ataque.

Si se está ansioso por combatir, no se debe ir al encuentro del invasor cerca de un río que éste deba cruzar.

Se deben amarrar las embarcaciones más alto que las del enemigo y de frente al Sol.

No hay que moverse corriente arriba para encontrar al enemigo.

Esto en cuanto a la guerra en el río.

Al cruzar pantanos salados, el único cuidado debe ser salir de ellos rápidamente.

Si se está forzado a combatir en un pantano salado,

hay que tener agua y pastos cerca y tener las espaldas hacia una arboleda.

Esto en cuanto a las operaciones en pantanos salados.

En terreno seco y nivelado, se debe tomar una posición fácilmente accesible,

con el terreno elevándose hacia la derecha
y hacia atrás,
de manera que el peligro esté en el frente
y haya seguridad atrás.
Esto en cuanto a acampar en terreno
llano.
Estas son cuatro ramas útiles del
conocimiento militar.
Le permitieron al Emperador Amarillo[20]
obtener excelencia entre los soberanos.
Todos los ejércitos prefieren el terreno alto
al bajo,
los lugares soleados a los oscuros.
Si se cuida a los hombres y se acampa en
terreno duro,
el ejército estará libre de enfermedades y
esto asegurará la victoria.
Cuando se llega a una colina o a una
orilla,
se debe ocupar el lado soleado, con la
ladera en la retaguardia derecha.

De esta forma, simultáneamente se actúa en beneficio de los soldados y se utilizan las ventajas naturales del terreno.

Cuando, como consecuencia de lluvias fuertes, un río está crecido y cubierto de espuma,

hay que esperar hasta que baje para cruzarlo.

Un camino en el que hay torrentes que corren entre acantilados,

hondonadas naturales profundas, lugares confinados, malezas enmarañadas, cenagales y zanjones,

debe ser abandonado a toda velocidad, y no hay que acercarse a él.

Al apartarse de esos lugares, hay que lograr que el enemigo se aproxime a ellos;

al enfrentarlos, hay que lograr que el enemigo los tenga en su retaguardia.

Determinar la Estrategia del Enemigo

Si en las vecindades del campamento
propio hubiera pasos estratégicos,
lagunas rodeadas de pastos acuáticos,
estanques y depresiones llenos de cañas,
o bosques de montaña con sotobosque
espeso,
se los debe examinar repetida y
cuidadosamente;
estos son lugares donde el adversario puede
preparar emboscadas o albergar espías.
Cuando el enemigo está cerca y
permanece quieto, es que está contando
con la fuerza natural de su posición.
Cuando se mantiene retirado y trata de
provocar una batalla, es que está
ansioso para que el otro bando avance.
Si el lugar de su campamento es de fácil
acceso, está tendiendo una carnada.

Movimiento entre los árboles de un bosque muestra que el enemigo está avanzando.

La aparición de parapetos en medio de un pasto espeso significa que el enemigo está dudando.

Si los pájaros levantan vuelo es señal de una emboscada.

Animales sobresaltados indican que se aproxima un ataque súbito.

Cuando el polvo se levanta en forma de columna alta es señal de que hay carros avanzando.

Cuando el polvo es bajo pero se extiende sobre un área amplia, muestra que se acerca la infantería.

Cuando se abre en varias direcciones, muestra que han sido enviadas partidas a juntar leña.

Unas pocas nubes de polvo moviéndose de aquí allá significa que el ejército está acampando.

Palabras humildes y un incremento en las preparaciones son señales de que el enemigo está por avanzar.

Lenguaje violento y dirigirse hacia adelante como para atacar son signos de que se retirará.

Cuando los carros ligeros salen primero y toman una posición en los flancos, es señal de que el enemigo está formando para la batalla.

Propuestas de paz que no están acompañadas por un convenio jurado indican un complot.

Cuando hay movimientos apresurados es señal de que ha llegado el momento crítico.

Cuando algunos avanzan y otros retroceden, el enemigo está intentando incitar.

Determinando la Vulnerabilidad del Oponente

Cuando los soldados están de pie apoyados en sus lanzas, están hambrientos.
Si quienes son enviados a buscar agua comienzan bebiendo ellos mismos, el ejército sufre de sed.
Si el enemigo ve una batalla que puede ganarse y no se esfuerza en asegurarla, los soldados están exhaustos.
Si los pájaros se juntan en un punto, quiere decir que no está ocupado.
Clamor por la noche indica nerviosismo.
Si hay disturbios en el campo, la autoridad del general es débil.
Si los estandartes y banderas son cambiados de lugar, se aproxima una sedición.

Si los oficiales están con ira, significa que
los hombres están cansados.
Cuando el ejército alimenta a los caballos
con granos y mata a su ganado para
comer,
y cuando los hombres cuelgan sus
utensilios de cocina,
mostrando que no regresarán a sus
tiendas,
se trata de un invasor exhausto.
Hombres susurrando juntos en pequeños
grupos o hablando en tonos bajos,
muestra insatisfacción entre los rangos y
las filas.
Recompensas demasiado frecuentes
significa que el enemigo está llegando al
fin de sus recursos.
Demasiados castigos muestran una
situación desesperada.
Ataques que primero son feroces y después
temerosos muestran falta de inteligencia.

Cuando el enemigo envía mensajes con
muchas lisonjas, significa que desea una
tregua.
Si las tropas del enemigo marchan enojadas
y permanecen frente a las nuestras por
mucho tiempo
sin trabarse en batalla ni retirándose,
se trata de una situación que requiere
gran vigilancia y circunspección.
Si las tropas propias no son mayores
en número que las del enemigo,
significa que no se puede hacer un ataque
directo.
Se deben concentrar toda las fuerzas
disponibles,
mantenerse vigilando estrechamente
al enemigo, y capturarlo.
Quien no piensa de antemano, sino
que toma a su enemigo a la ligera
y no hace suficientes cálculos previos,
con seguridad será capturado por éste.

El Cultivo de las Relaciones

Si los soldados no están fuertemente
acometidos,
no obedecerán cuando sean castigados;
si se los emplea cuando no obedecen,
habrá problemas.
Si cuando los soldados están fuertemente
acometidos
no se les imponen castigos,
emplearlos también será inútil.
Por lo tanto, los soldados tienen que ser
tratados con humanidad[21],
pero mantenidos bajo control por medio
de una disciplina de hierro.
Este es el camino seguro hacia
la victoria.
Si al entrenar soldados las órdenes son
claras,
el ejército será obediente.

Si al entrenar soldados las órdenes no son claras,
el ejército no será obediente.
Si un general muestra confianza en sus hombres y sus órdenes siempre se cumplen,
el éxito será para todos.

CAPÍTULO 10

Posiciones en el Terreno

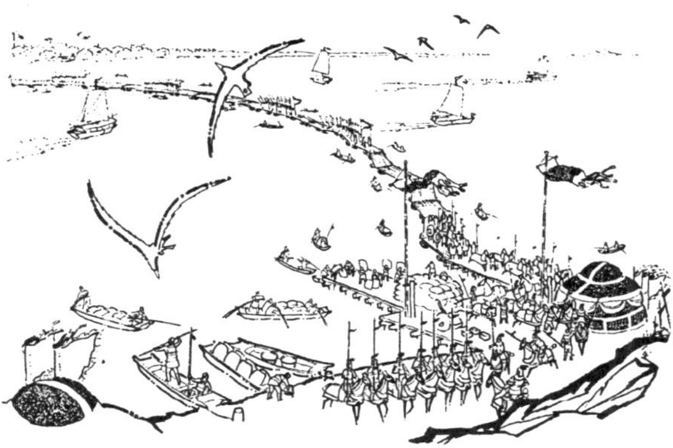

Las Seis Posiciones

Sun-tzu dijo:

En las posiciones en el terreno tenemos:

Terreno Accesible,

Terreno Enmarañado,

Terreno Indeciso,

Terreno Estrecho,

Terreno Obstruido,

Terreno Distante.

El terreno que se puede atravesar libremente por ambos lados se llama Terreno Accesible.

En Terreno Accesible se deben ocupar los puntos elevados y soleados antes que el enemigo,

y guardar cuidadosamente la línea de suministros.
Entonces se será capaz de combatir con ventaja.
El terreno que se puede abandonar pero es complicado para reocuparlo se llama Terreno Enmarañado.
En Terreno Enmarañado, si el enemigo no está preparado, se puede salir y derrotarlo. Pero si el enemigo está preparado para el ataque y no se lo puede derrotar,
entonces retornar es imposible y resultará un desastre.
Cuando la posición es tal que ninguno de los bandos obtendrá ganancia en hacer el primer movimiento, se llama Terreno Indeciso.
En Terreno Indeciso, aunque el enemigo ofrezca una carnada tentadora, es aconsejable no avanzar sino retirarse,

de esta forma se lo incita al enemigo;
entonces,
cuando parte de su ejército ha salido, se puede librar un ataque con ventaja.
En cuanto a los Pasos Estrechos, si se los puede ocupar primero, deben estar fuertemente guarecidos y esperar la llegada del enemigo.
Si el ejército enemigo los ocupara primero, no se lo debe perseguir si está completamente guarecido;
sólo se lo puede hacer si está poco guarecido.
En cuanto al Terreno Obstruido, se debe ser el primero en ocupar los lugares altos y soleados, y ya allí esperar al adversario.
Si el enemigo los ha ocupado primero,
no se lo debe seguir, sino retirarse y tratar de incitarlo a salir de ahí.
Si se está situado a gran distancia del enemigo, y la fuerza de ambos ejércitos

es igual, no es fácil provocar una batalla:

combatir será desventajoso.

Estos seis principios están conectados con la Tierra.

El general que ha alcanzado un puesto responsable debe tener el cuidado de estudiarlos.

Los Seis Errores Estratégicos

Entre las Estrategias:
está la huida,
está la insubordinación,
está el derrumbe,
está la ruina,
está el desorden,
está la deserción.
Estas seis calamidades severas no
surgen de las causas naturales, sino
de faltas de las que es responsable
el general.
Cuando las otras condiciones están
igualadas, si una fuerza es lanzada
contra otra diez veces su tamaño,
el resultado será la huida de la primera.
Cuando los soldados son demasiado fuertes
y sus oficiales demasiado débiles,
el resultado es la insubordinación.

Cuando los oficiales son demasiado
fuertes y los soldados comunes
demasiado débiles,
el resultado es el derrumbe.
Cuando los oficiales superiores están
enojados e insubordinados,
y al encontrarse con el enemigo dan
batalla por cuenta propia por un
sentimiento de resentimiento,
antes de que el comandante en jefe
pueda decir si está o no en posición
de combatir,
el resultado es la ruina.
Cuando el general es débil y sin
autoridad;
cuando sus órdenes no son claras y nítidas;
cuando no hay deberes fijos asignados a
los oficiales y los hombres,
y los rangos están formados de manera
azarosa,
el resultado es el desorden total.

Cuando el general, incapaz de estimar la fuerza del enemigo,
permite que una fuerza inferior se trabe con una superior,
o lanza un destacamento débil contra uno poderoso,
y descuida el ubicar soldados de elite al frente del rango,
el resultado será la deserción.
Estas son cinco formas de cortejar la derrota;
deben ser notadas cuidadosamente por el general.

Liderazgo Superior

La formación natural del campo es una
ayuda para la estrategia.
El poder de estimar al adversario con sus
probabilidades de vencer,
y calcular la distancia y cercanía de los
peligros,
constituyen las características del general
que sigue el Tao.
Quien conoce estas cosas
y al combatir pone su conocimiento en
práctica,
ganará sus batallas.
Quien no las conoce ni las practica,
con seguridad será vencido.
Si el Tao de la Estrategia indica que el
combate resultará en victoria,
entonces se debe combatir
aun si el gobernante lo
prohibe.

Si el Tao de la Estrategia indica que el
combate no resultará en victoria,
entonces no se debe combatir
aunque el gobernante lo pida.
El general que avanza sin codiciar la fama
y se retira sin temer la desgracia,
cuyo solo pensamiento es proteger
a su país y dar un buen servicio a
su soberano,
es la joya del reino.

Conocer la Situación

Considera a los soldados como a niños, y
ellos irán hasta los valles más profundos.
Considera a los soldados como a hijos
amados, y ellos estarán a tu lado hasta
la muerte.
Sin embargo, si se es indulgente pero
incapaz de hacer sentir la autoridad,
de corazón bondadoso pero incapaz de
implementar las órdenes,
si se es incapaz de calmar el desorden,
entonces los soldados, como niños
mimados, son inútiles para cualquier
fin práctico.
Si se sabe que los hombres están en
condiciones de atacar,
pero no se advierte que el enemigo no está
abierto para atacar,
se está sólo a mitad de camino de la
victoria.

Si se sabe que el enemigo está abierto para
atacar,
pero no se advierte que los hombres
propios no están en condición de
atacar,
se está sólo a mitad de camino de la
victoria.
Si se sabe que el enemigo está abierto para
atacar,
y también se sabe que los hombres
propios están en condición de
atacar,
pero no se advierte que la naturaleza
del terreno
hace que sea imposible atacar,
aún se está a mitad de camino de la
victoria.
Quien conoce la Estrategia, una vez en
movimiento,
nunca está perturbado; una vez que ha
roto el campamento, nunca pierde.

De ahí el dicho:
Si conoces al enemigo y te conoces a ti mismo:
victoria sin peligros.
Si conoces el Cielo y conoces la Tierra:
victoria completa.

Capítulo 11

Las Nueve Situaciones

Respuesta Posicional

Sun-tzu dijo:

Cuando se usa el Arte de la Estrategia, hay territorios que son:

Dispersantes,

Simples,

Contenciosos,

Abiertos,

Obstruidos,

Rodeados y

Desesperados.

Cuando un líder combate en su propio territorio,

es Territorio Dispersante.

Cuando otros han penetrado en territorio hostil,

pero no muy profundamente,
es Territorio Simple.
La posesión de territorio de gran
importancia para la ventaja de
cualquiera de los bandos,
es Territorio Contencioso.
Un territorio en el cual cada bando tiene
libertad de movimiento
es Territorio Abierto.
Un territorio que forma la llave para tres
estados contiguos,
de manera tal que quien lo ocupa primero
tiene la mayor parte del país a su
disposición,
es Territorio con Intersecciones.
Cuando un ejército ha penetrado
en el corazón de un territorio
hostil,
dejando una cantidad de ciudades
fortificadas en su retaguardia,
es Territorio Serio.

Bosques de montañas, escarpas
accidentadas, pantanos y pasos
todo terreno difícil de atravesar
es Territorio Obstruido.
El territorio al que se llega por
desfiladeros estrechos
y del cual sólo es posible retirarse por
caminos sinuosos,
de manera tal que un pequeño número de
enemigos es suficiente para aplastar a
un gran cuerpo de hombres,
es Territorio Rodeado.
El territorio en el cual sólo es posible
salvarse de la destrucción luchando sin
demora, es Territorio Desesperado.
Por lo tanto:
En Territorio Dispersador no se combate.
En Territorio Simple no hay que
detenerse.
En Territorio Contencioso no hay que
atacar. En Territorio Abierto no se debe

intentar bloquear el camino del enemigo.
En Territorio de Intersección hay que unir manos con los aliados propios.
En Territorio Serio hay que unirse en pillaje.
En Territorio Difícil hay que mantenerse en marcha constantemente.
En Territorio Rodeado hay que recurrir a estratagemas. En Territorio Desesperado hay que combatir.
Aquellos a quienes en la antigüedad se los llamaba líderes hábiles,
sabían cómo hacer una cuña entre la vanguardia y la retaguardia del enemigo
para evitar la operación conjunta entre sus divisiones grandes y pequeñas,
para impedir que las buenas tropas rescataran a las malas y que los oficiales reunieran a sus hombres.

Cuando los hombres del enemigo
estaban unidos, lograban mantenerlos
en desorden.
Cuando les resultaba ventajoso,
avanzaban; cuando no lo era,
permanecían inmóviles.
Si se me preguntara qué hacer cuando
un líder enemigo avanza
con sus multitudes completas y listas,
yo diría: "Comenzar por tomar algo que
el oponente tenga en la mayor estima,
así se tornará dócil".
La rapidez es la esencia de la guerra:
se debe sacar ventaja de que el enemigo
no esté listo,
hay que buscar como caminos las rutas
que no se esperan y atacar puntos no
protegidos.

El Espíritu del Cuerpo

Los siguientes principios deben ser observados por una fuerza invasora:

cuanto más se penetra en un país, mayor será la solidaridad de las tropas de uno y los defensores no podrán vencer.

Se deben hacer incursiones en los territorios fértiles, a fin de proveer con comida al ejército.

Hay que estudiar cuidadosamente el bienestar de los hombres propios y no sobrecargarlos.

Hay que concentrarse en el enemigo y conservar la fuerza propia.

Mantener al ejército propio constantemente en movimiento, y crear planes insondables.

Enviando a los soldados propios a posiciones de las que no hay escape, preferirán la muerte a huir.

Si enfrentan la muerte, no hay nada que
no puedan lograr.
Los oficiales y los hombres por igual
ejercerán su máxima fuerza.
Cuando los soldados están en aprietos
desesperados, pierden el sentido del
miedo.
Cuando no hay lugar donde refugiarse,
permanecen firmes.
Si se hallan en territorio hostil, muestran
un frente empecinado.
Si no hay salida, combatirán
fuertemente.
Así, sin esperar a ser dirigidos, los
soldados lucharán donde no hay
ventaja en el detenerse.
Por lo tanto, la estrategia es:
protección sin pensarlo de antemano,
obtener logros sin tener que pedirlo,
acometimiento sin contratos,
confianza sin impartir órdenes.

Se deben prohibir los augurios y descartar las dudas, de manera que la desesperación no tenga lugar.

Si los soldados no tienen muchas riquezas no es porque desdeñen los recursos;

si sus vidas no son muy largas no es porque desdeñen la longevidad.

El día en el que se les ordena salir a la batalla, los soldados pueden llorar;

algunos se sientan mojando sus ropas con lágrimas y a otros les caen por las mejillas.

Pero una vez que salen a combatir muestran el coraje de un Chu o un Kuei[22].

Cuando el táctico hábil ejecuta una estrategia,

se lo puede comparar a la shui-jan[23].

Ahora, la shui-jan es una serpiente que se encuentra en las montañas Chung.

Si se le golpea la cabeza, ataca con la cola;
si se golpea su cola, ataca con la cabeza;
si se le golpea en el medio, ataca con la cabeza y la cola.
Si se me pregunta si se puede lograr que un ejército imite a la shui-jan,
yo respondería que sí. Porque los hombres de Wu y los hombres de Yueh[24] son enemigos.
Sin embargo, cuando están cruzando un río en el mismo bote y los sorprende una tormenta,
se ayudarán los unos a los otros así como la mano izquierda ayuda a la derecha.
Por eso no es suficiente poner la confianza en caballos en equipo, ni en las ruedas del carro hundidas en el suelo.
El Tao por el cual se lleva a un ejército consiste en establecer un nivel de coraje en el que todos actúan como si fueran uno solo.

¿Cómo lograr que tanto los fuertes como los débiles tengan éxito?: eso es cuestión de involucrar el uso adecuado del terreno.

Así es que el general hábil conduce a su ejército

como si estuviera dirigiendo a un solo hombre hasta que no queda nada por ganar.

La tarea de quienes dirigen el ejército

es el secreto mediante el silencio, y mantener el orden siendo correctos y justos.

Debe ser capaz de embotar los ojos y los oídos de sus oficiales por medio de informes y apariencias falsas para mantenerlos desinformados.

Debe alterar su trabajo y ajustar el plan como para que los demás no puedan discernir.

Se altera la posición del campamento y se
toman rutas sinuosas para que el
enemigo no pueda calcular.
El líder de un ejército en el momento
crítico
actúa como quien ha escalado una altura
y entonces patea la escalera tras él.
Lleva a sus hombres hasta territorio hostil
y lanza una flecha.
Quema sus naves y rompe sus utensilios
de cocina;
como un pastor llevando un rebaño de
ovejas,
conduce a sus hombres aquí y allá, y nadie
conoce hacia dónde van.
Reunir a la totalidad de la fuerza y
lanzarla al frente de manera
formidable:
éste es el Trabajo del Líder de la Fuerza.

EL CAMINO (TAO) DEL INVASOR

Las nueve Variaciones del terreno,
el uso de las tácticas agresivas o
defensivas, y los principios de la esencia
humana:
esto no puede dejar de estudiarse.
En líneas generales, el Tao del Invasor
consiste en que:
cuando las tropas entran profundamente
en territorio hostil, se mantienen
unidas, pero cuando penetran sólo
un poco tienden a dispersarse.
Cuando se deja detrás al país propio
y se lleva al ejército a través de un
territorio vecino,
se está en Territorio Aislado.
Cuando hay medios de comunicación en
los cuatro lados,
es Territorio de Intersección.

Cuando se penetra profundamente en un país,
es Territorio Serio.
Cuando se penetra sólo un poco,
es Territorio Fácil.
Cuando se tiene el grueso del enemigo en retaguardia y pasos estrechos al frente,
es Territorio Rodeado.
Cuando no hay lugar alguno donde refugiarse,
es Territorio Desesperado.
Por lo tanto:
En Territorio Dispersante hay que inspirar a los hombres con unidad de propósito.
En Territorio Fácil hay que asegurarse que haya una conexión estrecha entre todas las partes del ejército.
En Territorio Contencioso hay que apresurar la retaguardia.
En Territorio Abierto hay que mantener un ojo vigilante en las defensas.

En Territorio de Intersección hay que consolidar las alianzas.
En Territorio Serio hay que asegurar un flujo continuo de suministros.
En Territorio Difícil hay que mantenerse empujando a lo largo del camino.
En Territorio Rodeado hay que bloquear cualquier retirada.
En Territorio Desesperado hay que comunicar a los soldados la falta de esperanzas de salvar sus vidas.
La disposición del soldado es:
ofrecer una resistencia obstinada cuando se halla rodeado,
combatir duro cuando no puede ayudarse a sí mismo,
y obedecer rápidamente cuando ha caído en peligro.
No se puede entrar en alianza con príncipes vecinos
hasta estar familiarizado con sus designios.

No se está preparado para dirigir un ejército
hasta no estar familiarizado con la faz del territorio, sus montañas y bosques, sus abismos y precipicios, sus lagos y pantanos.
No se es capaz de aprovechar las ventajas naturales
a menos que se utilicen líderes locales.

La Estrategia del Líder Superior

Ignorar los cuatro o los cinco principios
no es beneficioso para el príncipe
militar.
La capacidad de un príncipe militar
reside en atacar a un país poderoso,
evitando la concentración de las fuerzas
del enemigo.
Impone un enorme temor reverencial a
sus oponentes, y evita que los aliados de
éstos se unan contra él.
De ahí que no se esfuerce por aliarse con
todo el mundo
ni fomente el poder de todo el mundo.
Lleva a cabo sus propios designios
secretos, manteniendo atemorizados a
sus antagonistas.
De esta forma es capaz de capturar sus
ciudades y derrocar sus reinos.

Si se confieren recompensas sin atenerse a la regla,
si se emiten órdenes sin atenerse a los arreglos previos,
no se podrá manejar a todo un ejército como si se tratara de un solo hombre.
Se debe confrontar a los soldados con los hechos mismos,
nunca dejar que conozcan el designio.
Se los debe llevar a alcanzar las ventajas, pero jamás discutir las desventajas.
Enviando al ejército a una situación de peligro, sobrevivirá;
si se lo lanza a situaciones desesperadas, saldrá de ellas a salvo.
Es precisamente cuando una fuerza ha caído en desventaja
que se torna capaz de dar un golpe que produce la victoria.

El éxito en la guerra se gana
acomodándose cuidadosamente a sí
mismo a los propósitos del enemigo.
Colgándose persistentemente del flanco
del enemigo,
a la larga se tendrá éxito en matar al
comandante en jefe.
Esto se llama la capacidad para realizar
una cosa mediante la pura astucia.
El día que se toma el mando,
se deben bloquear los pasos de fronteras
y detener el paso de todos los emisarios.
Se debe ser austero en la sala del consejo
de manera tal de poder controlar la
situación.
Si el enemigo deja abierta la puerta, hay
que entrar rápidamente.
Hay que anticiparse al enemigo capturando
lo que estima profundamente,
y calcular sutilmente el momento de su
arribo al terreno.

Caminar por el sendero definido por la regla
y acomodarse al enemigo hasta que se pueda librar una batalla decisiva.
Al comienzo, entonces, exhibir la timidez de una doncella hasta que el enemigo dé una apertura.
Luego, imitar la rapidez de una liebre a la carrera y así le será muy tarde al enemigo para oponerse.

Capítulo 12

Ataques Incendiarios

Los Cinco Ataques Incendiarios

Sun-tzu dijo:
Hay cinco ataques con fuego.
El primero es incendiar a los hombres.
El segundo es incendiar los almacenes.
El tercero es incendiar los carros de equipajes.
El cuarto es incendiar los arsenales y el tesoro.
El quinto es incendiar formaciones.
A fin de llevar a cabo un ataque, debemos tener los medios disponibles.
El material para producir el fuego debe estar siempre listo.

Hay una estación apropiada para hacer los
ataques con fuego,
hay días especiales para comenzar una
conflagración.
La estación apropiada es cuando el clima
está muy seco,
los días especiales son aquellos en los que
la luna está en las constelaciones
del Colador, la Muralla, las Alas y el
Carro[25];
generalmente esas constelaciones marcan
los días en los que se levanta viento.

Las Cinco Variaciones del Fuego

Cuando se ataca con fuego,
hay Cinco Variaciones del Fuego.
Se las debe seguir y responder a ellas.
Cuando el fuego se enciende dentro del campamento del enemigo,
responder inmediatamente con un ataque desde el exterior.
Si hay un brote de fuego pero los soldados del enemigo permanecen tranquilos,
hay que contenerse y no atacar.
Cuando la fuerza de las llamas ha alcanzado altura,
se la debe seguir con un ataque si esto es practicable;
si no lo es, hay que permanecer donde se está.
Si es posible hacer un asalto con fuego desde afuera,

no se debe esperar el momento de hacerlo en el interior, sino librar el ataque en un momento favorable.
Cuando se inicia un fuego a favor del viento,
no hay que ubicarse contra el viento.
Un viento que se levanta de día dura mucho,
pero una brisa nocturna cesa pronto.
En todo ejército, los cinco desarrollos conectados con el fuego deben ser conocidos,
los movimientos de las estrellas calculados, y se deben observar los días apropiados.

Las Técnicas Decisivas

Quienes utilizan el fuego como ayuda
para el ataque son inteligentes.
Quienes utilizan el agua como ayuda para
el ataque deben tener fuerza.
Porque el agua puede aislar, pero no se
puede vencer.
Entonces, quienes desafían para vencer
y atacan para controlar,
pero no estudian estos efectos,
están destinados al infortunio, se llama:
demora con desperdicio.
Por lo tanto se dice:
"Una visión brillante se calcula,
un liderazgo superior se cultiva".

La Contención Última

No moverse si no hay ventaja;
no usar las tropas si no es útil;
no desafiar si no es crítico.
No se puede lanzar al ejército a causa de la ira personal;
el general no debe iniciar un desafío a causa de su propio enfado.
Si librar batalla trae ventaja, se debe avanzar;
si una batalla no trae ventaja, no se debe avanzar.
La ira puede revertirse en alegría,
el enfado puede revertirse en felicidad,
pero un país devastado no puede resurgir,
y los muertos no pueden volver a la vida.
Entonces, un Gobernante Brillante es prudente;
un Buen Líder está en guardia.
Este es el Tao de un País en Paz y un Ejército Intacto.

CAPÍTULO 13

El Uso de Inteligencia

Obtener Conocimiento

Sun-tzu dijo:
Levantar un ejército de cien mil hombres
y hacerlos marchar grandes distancias
involucra una pesada pérdida de gente y
drena los recursos del país.
Los gastos diarios se elevarán a mil onzas
de plata.
Habrá conmoción en casa y en el
extranjero,
y los hombres caerán exhaustos en los
caminos.
No menos de setecientas mil familias se
verán impedidas de sus tareas.
Ejércitos hostiles pueden enfrentarse el
uno al otro durante años

buscando la victoria que se decide en un
solo día.
Entonces, permanecer ignorante de la
condición del enemigo
simplemente porque se escatiman cien
onzas de plata o una promoción oficial,
es el colmo de la inhumanidad.
Alguien que actúa así no es el Líder de
los hombres, no le presta ayuda a su
soberano,
no es el Maestro de la Victoria.
Entonces, es el conocimiento previo lo
que capacita
al soberano sabio y al buen general
a golpear y conquistar,
y lograr cosas que están fuera del alcance
de los hombres comunes.
Ahora, este conocimiento previo no se
puede sacar de los espíritus,
no se puede obtener inductivamente de la
experiencia ni por cálculos deductivos[26].

El conocimiento de las disposiciones del enemigo
sólo se puede obtener de otros hombres.

La Red Espiritual

Es por esto el uso de espías, de los cuales hay cinco clases:
Espías locales.
Espías internos.
Espías conversos.
Espías mortales.
Espías que sobreviven.
Cuando estos cinco tipos de espías trabajan juntos,
nadie puede descubrir el sistema secreto.
Esto se llama "la Red Espiritual":
es el tesoro del soberano.
Espías locales significa emplear los servicios de los habitantes del distrito.
Espías internos es usar gente que tiene cargos en el gobierno.
Espías conversos es capturar espías del enemigo y usarlos para los propósitos propios.

Espías mortales son los que se envían
para penetrar en las filas del enemigo
y difundir falsa información.
Espías que sobreviven son los que traen
información al campamento.
Es por esto que con nadie en todo el ejército
se mantiene una relación tan íntima como
con los espías.
Nadie debe ser recompensado tan
libremente.
En ningún otro asunto se debe observar
tanto secreto.
Si no se tiene la sabiduría de un sabio, no
se puede usar la Inteligencia.
Si no se observan la Humanidad y la
Justicia[27] no se puede usar la Inteligencia.
Sin sutileza e ingenio, no se puede utilizar
la Inteligencia.
Sutilmente, sutilmente,
no hay áreas donde no se pueda usar la
Inteligencia.

Si el trabajo de Inteligencia aún no ha comenzado
y la misión es divulgada, el espía y quienes lo informaron
deben condenarse a muerte.

La Importancia de la Contrainteligencia

Generalmente, si el objetivo es aplastar un ejército,
atacar una ciudad o matar a un individuo,
siempre se necesita primero conocer los nombres
del comandante de defensa, de los ayudantes, del equipo, los guardias de las puertas y sus asistentes.
Los espías deben averiguar todo esto.
Se debe buscar a los espías que han venido a espiar al ejército propio,
se los debe tentar con sobornos,
instruirlos y albergarlos confortablemente.
De esta forma se tornarán espías conversos y estarán disponibles a nuestro servicio.
Es a través de la información traída por los espías conversos

que podemos adquirir y emplear a los espías locales e internos.
Es debido a esta información, nuevamente,
que podemos hacer que el espía mortal lleve falsos informes al enemigo.
Finalmente, es por esta información que el espía sobreviviente
puede utilizarse en las ocasiones indicadas.
El gobernante debe conocer estos cinco tipos del trabajo de Inteligencia;
el conocimiento seguro depende de los espías conversos.
Por lo tanto, es esencial que el espía converso sea tratado con la mayor generosidad.

La Esencia de la Estrategia

Antiguamente,
el surgimiento de la Dinastía Yin
fue debido a que Chih[28] fue enviado a servir a Hsia.
El surgimiento de la Dinastía Chou
se debió a Lu Ya, que había servido bajo Yin.
Entonces, sólo el gobernante esclarecido y el líder excelente
pueden dirigir su Inteligencia en forma superior y sabia,
y pueden lograr grandes resultados.
Todo el ejército depende de esto para cada movimiento.
Esto es la Esencia de la Estrategia.

Notas

1. "Quienes no están completamente familiarizados con los males de la guerra no pueden comprender completamente la forma provechosa de llevarla a cabo." (Capítulo 2, pág. 35.)
2. "En cuanto al ejército, es algo de mal agüero. Todo el mundo lo desprecia." (*Tao Te Ching*, capítulo 31.)
3. **Tao** es una idea fundamental del pensamiento chino. Literalmente, significa camino. Dentro de la filosofía taoísta, el Tao es el "Camino del Universo", la forma en la que todo sucede, desde el comportamiento de los electrones en el átomo hasta el movimiento de los cuerpos celestes en las galaxias. El Taoísmo busca la armonía del hombre con el Tao y el actuar en consecuencia. Cuando Sun-tzu dice que el general debe tener Tao, significa que el líder del ejército debe actuar en armonía con el Gran Tao.

4. Las paradojas aparentes son parte importante de la filosofía taoísta. Así, por ejemplo, en el capítulo 36 del *Tao Te Ching* encontramos que:

"Quien quiere disminuir algo,
primero necesita extenderlo.
Quien quiere debilitar algo,
primero necesita fortalecerlo.
Quien quiere eliminar algo,
primero necesita mantenerlo.
Quien quiere conseguir algo,
primero necesita darlo.
Esto se llama la inteligencia misteriosa.
Lo blando y frágil vencen a lo duro y fuerte."

Y en el capítulo 41:

"El Tao brillante parece oscuro.
El Tao de avanzar parece retroceder.
El Tao fácil parece difícil.
La Virtud superior parece un valle.
El blanco puro parece sucio.
La Virtud sólida parece no ser firme.
La Virtud real parece irreal."

Sun-tzu refleja estos principios en ésta y otras partes de su Método.

5. En chino miao, se refiere a un templo en forma genérica, puede ser budista, taoísta, etc.; en este caso, puede referirse simplemente al lugar establecido para cuartel general de mando.
6. Medida de distancia que equivale aproximadamente a 500 metros.
7. La idea de combatir sin luchar y no dejarse llevar por la violencia está presente en el *Tao Te Ching.*

   En el capítulo 30 encontramos:

   "Quien aconseje por medio del Tao a quien gobierna a los hombres,
   se opondrá a conquistar el mundo mediante lo militar.
   Estas cosas tienden a repercutir.
   En los campos donde han acampado los ejércitos, crecen zarzas espinosas.
   Dar albergue a este huésped
   trae un año de miseria.
   Un buen general cumple su objetivo y se detiene.
   No confía en la fuerza de las armas.
   Logra resultados, pero no se glorifica con ellos.

Logra resultados, pero no se jacta.
Logra resultados, pero no se siente orgulloso.
Logra resultados como una necesidad triste.
Logra resultados, pero sin amar la violencia."

Y en el capítulo 31:

"Cuando no se puede evitar el uso del ejército, lo mejor es mantener la calma.
Ni siquiera hay belleza en la victoria.
Quien la encuentra bella,
es alguien que se alegra de matar a los hombres.
Así es que quien se alegra de matar a los hombres, no tendrá éxito en su deseo de conquistar al mundo.
Las cosas de buena suerte favorecen la izquierda.
Las cosas de mal augurio favorecen la derecha.
El teniente general se ubica a la izquierda.
El general se ubica a la derecha.
Es decir que se ubica como en un Rito Funerario.
La matanza de los hombres se lamentará con pena.

La victoria debe celebrarse como un Rito Funerario."

8. En el capítulo 69 del *Tao Te Ching* encontramos:
"Para el empleo del ejército hay un dicho:
'Prefiero ser el anfitrión y no ser el huésped.
No avanzar una pulgada sino retroceder un pie'.
Se llama moverse sin moverse.
No enrollarse la mangas.
Sostener sin resistir.
Armarse sin ejército.
No hay peor catástrofe que subestimar al enemigo.
Por subestimar al enemigo puedo perder mis tesoros.
Por eso cuando dos ejércitos se enfrentan,
ganará el más compasivo."
9. Vacío y Lleno: Sun-tzu nuevamente utiliza los principios taoístas del equilibrio de Yin y Yang en un combate, son los mismos principios usados en Tai Chi Chuan. Se trata de llevar al adversario a una situación desventajosa donde ya no pueda ejercer su fuerza, de manera que se encuentre "vacío", entonces la ventaja será segura.

10. El uso de métodos Ortodoxos y No ortodoxos está presente en el capítulo 57 del *Tao Te Ching*:

"Al país se lo gobierna con lo correcto.
Al ejército se lo dirige con tácticas no ortodoxas.
Con la no acción (*wu-wei*, actuar sin forzar) se obtiene el mundo."

11. Los Cinco colores, las Cinco notas y los Cinco Sabores son parte del sistema chino de cinco, comprendido en los Cinco Elementos o Actividades. Sun-tzu parafrasea el capítulo 12 del *Tao Te Ching*, donde se dice:

"Los cinco colores enceguecen los ojos de la gente,
los cinco sonidos ensordecen a la gente,
los cinco sabores destruyen el gusto de la gente..."

12. Seguir el ejemplo del agua es un principio básico de la filosofía taoísta, y una ilustración del principio de *wu-wei* u obrar sin forzar. Tal como el agua, que no lucha contra lo que encuentra a su paso, sino que lo rodea. En otros casos, arrastra todo lo que

encuentra. Así, en el capítulo 8 del *Tao Te Ching* encontramos:

"La bondad superior es como el agua.
El agua es buena para favorecer las diez mil cosas, pero no contiende con ellas.
Se ubica en el lugar que la gente aborrece.
Por eso, quien está cerca del Tao:
Para su morar, encuentra adecuada la Tierra.
Para su corazón, encuentra adecuada la tranquilidad.
Para la amistad, encuentra adecuada la humanidad.
En las palabras, encuentra adecuada la sinceridad.
En la política, encuentra adecuado el orden.
En la administración, encuentra adecuada la eficacia.
En sus acciones, encuentra adecuado actuar en el tiempo oportuno.
Entonces, como no disputa, no comete faltas."

Y en el capítulo 78:

"En el mundo no hay más blando y suave que el agua,

pero para vencer lo duro y fuerte,
nada la puede reemplazar.
No hay cómo hacerla cambiar.
Lo suave vence a lo fuerte.
Lo blando supera a lo duro.
En el mundo no hay quien no lo sepa,
pero no hay quien lo practique.
Por eso el sabio dice:
Quien recibe la humillación del país,
se llama: adecuado para gobernarlo.
Quien puede recibir el infortunio del país,
se llama: apto para ser el rey del mundo.
Estas palabras son verdaderas aunque
parecen lo contrario."

13. Nuevamente, Sun-tzu menciona el ejemplo del agua que fuera comentado en la nota anterior.
14. Los cinco elementos: fuego, madera, tierra, metal y agua.
15. Ch'i, según cómo se escriba en chino, puede significar aire, la fuerza vital que contiene el aire o la fuerza vital que se obtiene mediante la respiración. La Escuela del Ch'i es una importante escuela vinculada a las

prácticas taoístas. De acuerdo con la Teoría del Ch'i, todo está formado de Ch'i. Lo más sutil asciende y deviene el Cielo, y lo más denso desciende y deviene la Tierra. Entre el Cielo y la Tierra, formando una tríada indisoluble, está el Hombre. Los ejercicios de calistenia tienen como finalidad aumentar y almacenar el Ch'i. Cuando el Ch'i se almacena y circula sin impedimentos, la salud está fuerte y la mente despejada. Cuando no es así, la salud decae y la mente está oscurecida. Sun-tzu indica esperar los momentos en los que el Ch'i de los soldados está turbado para hacer un ataque.

16. **Hsin**, significa tanto corazón como mente. Hay que tener en cuenta que en Oriente la mente no se ubica en el cerebro sino en el corazón. La mente no es solamente lo que se piensa, sino donde tiene lugar toda la percepción del ser humano. Los seis sentidos (el pensamiento se considera un sentido) son los medios de percepción de la mente. Sin embargo, estos seis sentidos son muy limitados, por lo cual tanto taoístas como budistas

buscan la percepción directa de la mente. Esto permite no ser engañado por las limitaciones de los sentidos. Dicho proceso se realiza en las prácticas de meditación. Para que la mente esté despejada, es indispensable que el Ch'i esté acumulado, sea puro y circule sin impedimentos.

17. Li, literalmente: fuerza, se refiere a la energía del ejército.
18. Tornar la mala suerte en buena suerte es parte de la filosofía china. El principio positivo, Yang, y el principio negativo, Yin, se alternan permanentemente. Esto permite, conociendo las Leyes del Cambio tal como están enunciadas en el *I Ching* (El Canon del Cambio), tomar una situación desfavorable y llevarla hasta su punto de inflexión –combinando desventajas– para que se convierta en favorable.
19. En el texto chino dice literalmente yang, que etimológicamente significa: la ladera soleada de una montaña, mientras que yin significa etimológicamente: la ladera en sombra de una montaña.

20. El Emperador Amarillo (apróximadamente 2698-2598 a. C.) es el padre de la cultura china y el fundador del Taoísmo. Entre otras cosas, escribió también un tratado de medicina que sigue vigente en nuestros días. Durante mucho tiempo los estudiosos occidentales lo consideraron una leyenda, pero en el año 2000 fue encontrada su tumba y la de su esposa. En las tumbas se hallaron numerosas tabletas grabadas, lo que permitirá ahora tener más datos acerca del padre de China.
21. Ver nota Nº 27 sobre Humanidad y Justicia en el capítulo 13.
22. Chu y Kuei fueron dos héroes militares.
23. **Shui-jan** se puede traducir como "respuesta espontánea".
24. Los estados de Wu y Yueh eran feroces enemigos; finalmente Wu venció a Yueh. La alegoría se hizo tan famosa que se convirtió en la expresión: como hombres de Wu y Yueh.
25. La astronomía estuvo altamente desarrollada desde los comienzos de la civilización china. Por ejemplo, los primeros registros de cometas son del año 1600 a. C.; para el 635 a. C. ya se

había observado que las colas de los cometas siempre apuntan en sentido opuesto al Sol. Las manchas solares comenzaron a ser sistemáticamente registradas en el año 28 a. C., mientras que en Occidente los astrónomos se disputaban el "descubrimiento" hacia el 1615 d. C., ¡casi mil quinientos años más tarde que en China! Por eso no hay que sorprenderse de esta observación de Sun-tzu.

26. La expresión "no se puede sacar de los espíritus" se refiere a consultar oráculos, desde los populares hasta el *I Ching*, que en esos tiempos era usado sólo por los estudiosos, y fue escrito "para ayudar a las inteligencias espirituales a comunicarse con los hombres". Sun-tzu deja claro que la tarea de Inteligencia no se puede sustituir ni consultando a los espíritus mediante oráculos, ni por métodos racionales humanos. La información precisa acerca del enemigo sólo se puede obtener por medio de operaciones de Inteligencia. También resulta claro que la meta de estas operaciones es salvar vidas y evitar la ruina de ambas partes del conflicto. La Inteligencia a la

que se refiere Sun-tzu no se asemeja a las agencias de inteligencia actuales, que han transformado esta profesión (la segunda más antigua de la historia) en una herramienta para generar conspiraciones, complots y escándalos. Durante la Segunda Guerra Mundial, en cambio, hubo muchas verdaderas operaciones de inteligencia, como las desarrolladas por Sun-tzu.

27. Humanidad (ren) y Justicia (hsi) son virtudes practicadas tanto por taoístas como por confucionistas. **Ren** se refiere al amor a toda la humanidad por igual y establece las relaciones entre los seres. **Hsi** establece el principio de equidad y de ecuanimidad, casi indisolublemente asociado a la virtud anterior.
28. I Chih fue un funcionario de la Dinastía Hsia, que actuó como agente para la Dinastía Yin. Lu Ya fue un funcionario de la Dinastía Yin que actuó como agente para la Dinastía Chou.

Índice

Índice

Índice

Índice